Comte de GÉRIN-RICARD

LA

Louveterie

(ÉTUDE)

PARIS

PAIRAULT et Cⁱᵉ, IMPRIMEURS-ÉDITEURS

3, PASSAGE NOLLET, 3

1900

LA LOUVETERIE

Comte de GÉRIN-RICARD

LA

ouveterie

(ÉTUDE)

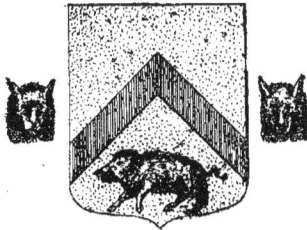

PARIS

PAIRAULT et Cⁱᵉ, IMPRIMEURS-ÉDITEURS

3, PASSAGE NOLLET, 3

1900

La Louveterie Ancienne

AINT Hubert a eu un prédécesseur dans la vénération de nos pères chasseurs. Ce fut Sylvain, le dieu forestier des Celtes, représenté vêtu d'une peau de loup et ayant pour attributs un chien et une pomme de pin. Sylvain était le protecteur des troupeaux; il favorisait leur fécondité en éloignant d'eux les fauves (1), et Lucilius l'appelle un *chasseur de loups*.

Il est facile de se rendre compte du rang que cette divinité occupait dans le panthéon gaulois et du culte dont elle devait être l'objet parmi les habitants des vastes forêts qui couvraient notre pays, parmi ces Celtes qui étaient d'ardents chasseurs et surtout d'habiles trappeurs. La dépouille d'un fauve servait non seulement à la nourriture et à

(1) Dict. mytnol. de Smith et Theil.

l'habillement de celui qui s'en était emparé
mais elle rehaussait son prestige : la peau
d'un loup constituait un trophée.

Dans l'antiquité, le premier document que
nous trouvons sur les encouragements
apportés à la destruction des loups, est une
loi de Solon, établissant que celui qui pren-
drait un de ces animaux aurait droit à
cinq drachmes, s'il s'agissait d'un loup, et à
un drachme seulement, s'il s'agissait d'une
louve. Voilà qui est singulier.

La loi des Burgondes nous apprend ensuite
que Charlemagne obligea chaque comte de
son empire à entretenir deux louvetiers.
Cette disposition n'offre-t-elle pas une cer-
taine analogie avec celle qui régit aujour-
d'hui la louveterie, comprenant, par arrondissement, un lieutenant relevant du préfet?

Par le droit des Feudes, en la constitu-
tion de l'empereur Frédéric, il est défendu
» de tendre rets, lacs ou autres instruments
» pour prendre venaison et bêtes sauvages,
» sinon pour prendre les ours, sangliers et
» loups, parce que ce sont bêtes qui appor-
» tent un grand dommage et qui sont très
» pernicieuses ».

Frothaire, évêque de Toul, sous Louis le
Débonnaire, fut de son temps le plus illustre

ennemi des loups ; il est représenté sur son tombeau ayant comme attributs un loup mort à ses pieds, l'épieu du chasseur et la crosse pastorale.

Louis VI, dit d'Outremer, roi de France et fils de Charles le Simple, fut aussi un célèbre louvetier et mourut étranglé par un loup, à la suite d'une chute de cheval, dans une forêt des environs de Reims.

Raynuti rapporte, et après lui Guagnis, que Louis XI « fit faulte parce qu'inconti- » nent après son avènement à la couronne, » il défendit toute manière de chasse à la » noblesse », dérogeant par là à l'ordon- nance de Charles VI, du 10 janvier 1396, qui interdisait à tous sujets, non nobles, de chasser « ni tendre à bêtes grosses, ni menues, ni avoir pour ce faire : chiens, filets, lacs et autres harnois, excepté les bourgeois vivant de leurs rentes et ayant privilèges ou concessions par raison de lignage, etc ».

Ces ordonnances durent accroître, en France, dans des proportions énormes le nombre des animaux nuisibles et notam- ment celui des loups, puisque François 1er, se proposa un jour leur extermination ; il fit paraître à cet effet, en 1520, un édit créant,

sur de nouvelles bases, la charge de grand
louvetier ainsi que plusieurs offices de
« louvetiers particuliers ». Il y est dit que
le grand louvetier dépendra directement du
roi ; qu'il prêtera serment entre ses mains,
disposera de tout en ce qui concerne ses
attributions et sera sur-intendant des officiers qu'il aura dans certaines provinces. Ce
dignitaire figurait au nombre des grands
officiers de la Couronne et faisait partie de
la maison du roi (1) ; il devait recevoir,
comme traitement, des terres et des sommes
ne dépassant pas 1,200 livres de revenu ;
mais il jouissait d'autres charges très produc-
tives, consistant en monopoles, primes, etc.

Certains historiens ont cru voir dans cet
édit la création de la louveterie ; nous
savons par ce qui précède qu'il n'en est
rien, puisque François 1er n'a fait que réor-
ganiser ce qui existait depuis Charlemagne,
et nous verrons plus loin que cette institution était déjà réglementée sous le règne de
Philippe le Bel (2).

---

(1) Il avait le droit d'accoster son écu de deux
têtes de loups, attributs distinctifs de sa charge.

Les armes que nous donnons sur le titre de cette
étude sont celles du seigneur de Roquemont, qui
fut grand louvetier de 1628 à 1636.

(2) Voir ci-après la liste des grands louvetiers.

Par arrêt du 29 mai 1537, complété par des lettres royales, les louvetiers eurent droit à deux deniers par loup et trois par louve, sur leurs circonvoisins en prenant taxe sur le Prévôt de Paris ou autre juge royal prononçant la taxe, après avoir convoqué quatre ou cinq personnes dignes de foi, et ce, sommairement et sans appeler ceux qui devaient acquitter la prime. Cette disposition est confirmée par un arrêt du 27 avril 1564, contraignant les habitants de Ville-présent à acquitter une prime due par eux au louvetier de Sezanne et de Chantemerle. Les deniers du peuple n'étaient pas seuls mis à contribution, le seigneur devait payer vingt sols pour chaque loup tué dans son fief.

Henri III est, à notre connaissance, le premier monarque qui rendit les battues aux loups obligatoires. A l'art. 19 de l'ordonnance qu'il rendit en janvier 1583, sur le fait des chasses, nous lisons : « Enjoi-
» gnons aux grands-maîtres réformateurs,
» leurs lieutenants, maîtres-particuliers et
» autres faire assembler un homme par feu
» de chaque paroisse de leur ressort avec
» armes et chiens propres pour la chasse des
» loups, trois fois l'année, aux temps plus

» propres et plus commodes qu'ils aviseront

» pour le mieux ».

Henri IV se vit aussi dans l'obligation d'établir un règlement général sur les chasses. Nous reproduisons ci-après des extraits des deux ordonnances qu'il fit publier en janvier 1600 et juin 1601 :

« Et d'autant que depuis les guerres der-

» nières le nombre des loups est tellement

» accru et augmenté en ce royaume, qu'il

» apporte beaucoup de pertes et dommages

» à nos pauvres sujets : Nous admonestons

» tous seigneurs, hauts-justiciers et sei-

» gneurs de fiefs de faire assembler de

» trois en trois mois ou plus souvent encore

» selon le besoin qu'il en sera, aux temps

» et jours plus propres et commodes, leurs

» paysans et rentiers et chasser au dedans

» de leurs terres, bois et buissons, avec

» chiens, arquebuses et autres armes, aux

» loups, renards, blaireaux, loutres et autres

» bêtes nuisibles ; et de prendre acte et

» attestation du devoir qu'ils en auront fait,

» par devant leurs officiers ou autres per-

» sonnes publiques ; iceux envoyer inconti-

» nent après aux greffes des maîtrises parti-

» culières des Eaux et Forêts du ressort où

» ils seront demeurant ; révoquant par ce

» moyen toutes les permissions particuliè-
» res que nous pourrions par importunité
» ou autrement avoir accordées et fait dépê-
» cher de tirer de l'arquebuse à qui que ce
» soit, s'il n'est de la dite qualité et en son
» fief et sur les marais et terres qui en
» dépendent seulement... »

... « Enjoignons aux maîtres particuliers
» de nos dites Eaux et Forêts et capitaines
» de nos chasses d'y tenir la main et de
» contraindre les sergents louvetiers, par
» condamnation d'amendes, suspension et
» privation de leur états et charges à chasser
» et tendre aux dits loups et renards et de
» faire rapport par-devant eux de quinzaine
» en quinzaine ou de mois en mois pour le
» moins, du devoir et des prises qu'ils auront
» faites ».

Quelques années plus tard, dans le courant de juillet 1607, Henri IV lance une
troisième ordonnance réglementant la chasse
et le port de l'arquebuse : cette ordonnance
complète en quelque sorte les deux premiè-
res. Elle fait défense à tous princes, seigneurs, gentilshommes et autres, *louvetiers
exceptés*, de porter l'arquebuse dans les
forêts du roi « n'entendons comprendre aux
» rigueurs du présent notre édit, les officiers

» de notre louveterie, pour le regard du
» port de l'arquebuse, aux assemblées qui
» se feront pour courre et prendre les loups
» en nos dites forêts, bois et buissons en
» dépendant, avec permission des capitaines
» de nos dites chasses en icelles ou de leurs
» lieutenants et assistez de l'un des gardes
» ordinaires des dites chasses ».

C'était justice, car la louveterie rendit à
cette époque d'importants services en accom-
plissant une tâche, devenue difficile par
suite de l'accroissement en France du nombre de loups. Il devait être grand, et les
gens de toute condition se préoccupèrent
des moyens à employer pour détruire ces
fauves, puisqu'en 1613, un prêtre, Louis
Gruau, curé de Sauge publia une « *Nouvelle invention de Chasse pour prendre et
oster les loups de la France* ».

Les officiers de louveterie, comme ceux
de l'Ecurie, de la Vénerie, de la Fauconnerie, de l'Artillerie, de l'Amirauté et de
la Marine du Levant et du Ponant, dont le
nombre était limité et réglé par le roi,
jouissaient de l'exemption de la Taille (1).
Ils furent confirmés dans leurs privilèges

---

(1) Règlement de 1634 sur les tailles. Art. IX.

ainsi que leurs veuves par déclaration
royale du 26 novembre 1643, mais menacés
en même temps d'être déchus de ces avantages et taxés en conséquence s'ils faisaient trafic de marchandises, tenaient hô-
tellerie ou faisaient valoir à leurs mains
plus d'une ferme leur appartenant ou étant
la propriété d'autrui, tant en leur nom
qu'en celui de leurs domestiques ou valets.
Cette règle offre cependant quelques excep-
tions : des lettres patentes du mois de novembre 1656 nous apprennent que le louvetier et le renardier (1) de la Garenne du
Louvre ne jouissaient pas des exemptions
accordées aux autres officiers des chasses (2).

Les pouvoirs et le prestige dont jouissaient alors les louvetiers furent cause que
quelques hobereaux usurpèrent ce titre.
Aussi Louis XIV, informé qu'en Champa-

---

(1) Officier de louveterie chargé spécialement de
la destruction des renards dans les chasses royales.
L'édit d'avril 1676, qui érige en capitainerie les
chasses de Vincennes, y institue un renardier. Il y
avait aussi, en 1690, deux renardiers pour la forêt
d'Halatte, qui touchaient cent livres pour tous
gages.

(2) Rég. Cour des Aides, 22 juin 1657. Philibert
Desburnay occupait, en 1720, l'emploi de renardier
du Louvre et avait succédé dans cette charge à
Pierre Martel, seigneur de la Motte.

gne et en Picardie certains particuliers, se
disant lieutenants de louveterie, commettaient divers abus en arrachant les laboureurs occupés à la culture de leurs terres,
sous prétexte de s'assembler pour chasser
les loups, et qu'ils exigeaient de fortes
amendes de ceux qui s'y refusaient, tout
en soumettant à une imposition la contrée
dans laquelle ils avaient pris quelques loups
et qu'ils contrevenaient en outre aux ordres
sur la chasse en armant de fusils les paysans qu'ils s'adjoignaient, prononça-t-il un
arrêt au Conseil d'État interdisant à tous
lieutenants de louveterie et autres « qui se
» prétendaient officiers d'icelle, de faire
» aucune publication de chasse aux loups
» sans le consentement de deux gentilshom-
» mes de leur département », nommés par
les commissaires de la province et qui devaient être appelés à juger de la possibilité
de convoquer les laboureurs. C'est à eux
que les loups tués dans les battues devaient
être présentés. Ils délivraient, dans ce cas,
des certificats d'après lesquels les commissaires fixaient la taxe des frais faits pour la
prise des loups, à raison de deux sols par
paroisse.

Dix ans plus tard, d'autres abus s'étaient

glissés dans la nomination des sous-offi-
ciers de louveterie. Les sergents louvetiers
devaient être nommés directement par le
roi, mais il fut dérogé à ce principe puisque bon nombre d'entre eux exerçaient en
vertu de commissions délivrées par des
lieutenants en la louveterie et par les Maréchaux de France (1).

L'autorité royale intervint encore par
une déclaration du 19 octobre 1681, qui mit
fin à cet état de choses, en défendant à tous
sergents louvetiers, sergents et archers des
maréchaux de France, d'exploiter s'ils n'é-
taient pourvus par lettres royales. Ce fut
le sieur Potier de Marais, lieutenant en la
louveterie de France, qui motiva cette mesure ; il avait, en effet, délivré de très nom-
breuses commissions.

Nous avons sous les yeux un document
curieux, auquel nous ferons des emprunts,
parce qu'il fait ressortir que l'organisation
d'une battue aux loups présentait quelquefois de sérieuses difficultés et donnait même

(1) Les officiers louvetiers des provinces étaient
pourvus par le roi ou par le grand louvetier ; les
grands maîtres et les maîtres particuliers des Eaux
et Forêts ne pouvaient nommer qu'en vertu d'une
procuration du grand louvetier.

lieu à des débats judiciaires ne manquant pas d'intérêt.

Dans le courant de l'été 1696, les loups commettaient en nombre des déprédations considérables aux alentours de la ville d'Amboise, ce qui provoqua de la part de Messire Le Boult, grand maître des Eaux et Forêts de Touraine, une ordonnance qui parut le 25 août. Elle organisait une battue et convoquait pour ce les habitants des faubourgs, sous peine de trois livres d'amende pour chaque défaillant. Le jour choisi étant un dimanche, personne ne s'y rendit, sous prétexte que l'office divin, l'assemblée du Conseil municipal, etc., empêchaient les habitants de s'absenter de la ville un pareil jour, faisant valoir, en même temps, que la ville d'Amboise était franche de corvées et de la chasse aux loups. Ce que n'admettant pas, le sieur Le Boult fit exécuter son ordonnance quant aux peines y exprimées et commença les poursuites contre les habitants. Ceux-ci allèrent alors, le 17 septembre, lui présenter une requête dans son domicile. Mais Le Boult, irrité par de tels agissements, ne voulait rien entendre ; il saisit un fusil et fit mine de leur tirer dessus. Ce qu'il aurait fait s'il n'en avait été empêché par l'abbé Le Prevot de la Vallière et par MM. de la Mairie, qui se trouvaient alors chez lui. En présence d'un tel accueil et de nouvelles menaces, les requérants s'adressèrent à M. de Miromesnil, intendant de la Justice en la généralité de Tours. Ce dernier les adressa au roi, qui, par un arrêt du Conseil d'Etat, en date du 2 octobre 1696, les releva des amendes portées contre eux, mais leur ordonne d'obéir désormais aux ordres du sieur Le Boult, sur le fait de la chasse au loup, lorsque le cas le requerra.

Passons maintenant sur un autre point de la France : en Berry. Le 26 février 1697, le roi apprenant que les loups commettaient de nombreux ravages dans ce pays, où il n'existait aucun officier de louveterie pour faire des « huées », ordonna au sieur Bégou, grand maître des Eaux et Forêts de Berry, d'organiser des battues contre ces animaux, avec le concours des habitants, frappant d'une amende de dix livres ceux qui, sans motifs, s'abstiendraient d'y prendre part.—Le sieur Bégou donna la direction de ces battues aux maîtres particuliers des maîtrises forestières de Bourges, Issoudun et Vierzon, et le sieur Monsauge fut com-

mis par M. de Sérancourt, commissaire
départi en la généralité de Bourges, pour
commander les chasses et « huées » qui
devaient se faire dans les bois de Coutre-
mors.

Le 14 janvier 1698, nouvelle ordonnance
contraignant les sergents louvetiers à chasser tous les animaux nuisibles de trois mois
en trois mois ou plus souvent, si besoin
est.

En suivant l'ordre chronologique que
nous avons adopté jusqu'à maintenant,
nous arrivons en 1709. Des lettres de provisions nous apprennent, qu'au cours de
cette année, le grand louvetier nomma
un lieutenant en Bourgogne (1).

Enregistrons, enfin, un arrêt rendu au
Consil d'Etat, le 17 mars 1731, enjoignant
à tous les officiers de louveterie de la province d'envoyer, tous les ans, au grand
louvetier, un certificat de vie et de domicile, légalisé par le juge de leur résidence
et enregistré à la Cour des Aides de Paris,
et ce, conformément à la Déclaration du
20 mai 1721 relative à la Vénerie. Il

---

(1) En raison des détails intéressants que ren-
ferment ces lettres, nous en donnons une à la fin
de cette étude.

devait être pourvu au remplacement de
tout officier qui pendant deux ans aurait
négligé de remplir cette formalité.

Cette mesure fut inspirée par les besoins
du Fisc, à l'action duquel échappait la
masse des louvetiers qui ne cessait de croi-
tre, par les abus qui se commettaient dans
la transmission des charges. Divers titulaires, profitant de l'ignorance dans laquelle se trouvait l'Etat de leurs noms et
domiciles, investissaient directement leurs
parents des emplois qu'ils possédaient, tout
en conservant eux-mêmes l'honorariat de
la charge ; ils augmentaient ainsi le nombre des exemptions, franchises et autres prérogatives que comportaient les offices de
louveterie.

Pour asurer l'exécution de toutes ces ordonnances et aussi pour rendre la justice
en matière de louveterie, l'ancien régime
dut créer un nouveau genre de juridiction.
Les Eaux et Forêts avaient leurs *Chambres*,
la Louveterie eut ses *prévôtés*. Ces sièges
étaient placés directement sous l'autorité du
grand louvetier. Indépendamment du siège
de Paris, on en comptait un dans le Maine,
un au baillage d'Auxerrois ; Bar-sur-Seine,
Amboise, Montrichard, Orléans, etc., pos-

sédaient le leur : leur nombre était illi-
mité.

Des prévôts de ces chambres relevaient
les piqueux, les sergents et les gardes. Tous
commensaux de la maison du roi, ils
jouissaient de certains privilèges et étaient
payés par le même trésorier que les officiers de la Vénerie et de la Fauconnerie.

La Révolution abolit toutes ces charges
et avec elles celle de grand louvetier;
mais elle fit incomber une partie des attributions de ce service aux administrateurs
de districts, chargés désormais d'encourager
les ruraux à détruire les animaux nuisibles
et dangereux pour les troupeaux (1).

La suppression de la louveterie et l'ab-
sence de tous les hommes valides qui com-
battaient alors à la frontière, contribuèrent
à augmenter le nombre des loups dans une
proportion inquiétante. A tel point que le
Directoire exécutif s'empressa d'autoriser
les particuliers à organiser des battues dans
les forêts nationales et de prescrire aux ad-
ministrations centrales des départements
d'organiser, tous les trois mois au moins,
des chasses aux loups, renards, etc , sous la

---

(1) Lois des 28 septembre et 8 octobre 1791.

direction de l'autorité forestière. Les propriétaires d'équipages pouvaient y prendre part, après en avoir obtenu l'autorisation des administrateurs d'arrondissement (1).

Pour pousser plus activement encore à la destruction des fauves qui ravageaient le territoire, la Convention créa des primes d'encouragement et autorisa le pouvoir exécutif à laisser subsister et même à fonder, s'il y avait lieu, des établissements destinés à propager les moyens reconnus les plus efficaces pour détruire les loups (2). C'était-là le rétablissement des écoles de piégeage de l'ancienne louveterie.

(1) Arrêté du 19 pluviôse an V.
(2) Loi du 6 messidor an V.

La Louveterie Moderne

RÉTABLISSEMENT DE CETTE INSTITUTION PAR
NAPOLÉON Ier. — SA NOUVELLE ORGANISATION
PAR LOUIS XVIII. — DISPOSITIONS RÉCENTES.

UN des premiers soins de Napoléon Ier fut de rétablir la louveterie. Il unit les fonctions de grand louvetier à celles de grand veneur et plaça sous les ordres de ce grand dignitaire un corps spécial de louveterie distinct de celui de la Venerie. Ce corps se composait de deux lieutenants du grand louvetier, d'un secrétaire de la louveterie, d'un capitaine par conservation forestière et d'un ou de plusieurs lieutenants par départements (1).

L'état de ces officiers paraissait, chaque année, sur l'almanach impérial à la suite

---

(1) Décret du 8 fructidor an XII.

du personnel de l'administration des Eaux et Forêts (1).

Louis XVIII, par son ordonnance du 20 août 1814 (2), donne un nouveau règlement à la louveterie. Bien que cette ordonnance ait été modifiée, dans quelques-unes de ses dispositions, par les gouvernements qui ont succédé à la Restauration, on peut dire qu'elle régit encore la matière actuellement.

Il y est dit que : Le grand veneur délivrera des commissions de lieutenants, déterminera leurs fonctions et leur nombre par conservation forestière et par département, dans la proportion des bois qui s'y trouvent et des loups qui les fréquentent. Ces commissions devront être renouvelées tous les ans, — elles pourront même être retirées aux titulaires qui n'auront pas justifié de la destruction de loups.

Nommés plus tard par le roi, sur la présentation du Ministre des finances (3), les

---

(1) Les cadres comprenaient, en 1807, 24 capitaines et 80 lieutenants. La Restauration supprima les capitaineries.

(2) Cette ordonnance reproduit en grande partie le règlement du 1er germinal an XIII.

(3) Ordonnance du 21 décembre 1844.

lieutenants furent enfin commissionnés par
les préfets sur l'avis du conservateur des
Forêts (1).

Désormais le nombre des officiers ne
pourra excéder celui des arrondissements
à moins de circonstances exceptionnelles
qui devront être soumises au directeur général des Forêts. Les nominations devront
être immédiatement portées à la connaissance du ministre des finances. (Arrêté du
ministre des finances, du 3 mai 1852.) En
outre, les fonctions de lieutenant de louveterie ne pourront être confiées à des étran-
gers. (Décision du ministre de la justice,
du 27 avril 1877.)

Les attributions de l'officier de louveterie sont multiples :

Indépendamment de la tâche qu'il a en-
treprise de détruire les animaux nuisibles
qui fréquentent son cantonnement, il devra
veiller à l'observation des arrêtés pris en
vue de la destruction des bêtes, faire bé-
néficier de son expérience technique les
particuliers autorisés à employer des ap-
pâts empoisonnés et signaler à l'autorité
compétente les infractions qui seraient

---

(1) Décret du 25 mars 1852.

apportées à l'exécution des mesures de précaution prises en pareil cas, pour éviter que le nombre des victimes de la strychnine ne compte plus de chiens que de renards. Combien serait diminué le nombre de ces intéressants quadrupèdes qui meurent empoisonnés si l'exécution des mesures de précaution édictées étaient partout controlées avec soin par la louveterie ? Ce qui est vrai pour l'emploi du poison l'est aussi pour celui des pièges. Quel est le garde qui n'a eu à enregistrer, plusieurs fois dans sa vie, l'amère déception que l'on éprouve à trouver, à la place du loup ou du renard, pour lequel l'engin avait été placé, le malheureux chien de la ferme voisine ?

C'est encore à l'officier louvetier de provoquer, de concert avec l'administration forestière, les battues qu'il jugera utiles. Il devra, en outre, en fixer la date et régler les conditions dans lesquelles elles auront lieu, le nombre de fusils et de chiens qu'elles devrnot comprendre, etc. Il devra, enfin, diriger l'opération sur le terrain, aussi bien si elle a lieu dans un domaine soumis au régime forestier que si elle se poursuit dans les bois d'un particulier. Les louvetiers recevront, à ce sujet, des instructions directement du grand veneur (1).

De plus, le lieutenant de louveterie sera quelquefois appelé à donner son avis sur les demandes de battues formulées par les particuliers auprès de l'autorité préfectorale, — même si ces requêtes ont pour objet la destruction d'une partie de l'espèce à laquelle appartient maître Jeannot, lequel mérite parfois de figurer au rang des animaux nuisibles, lorsque, en grand nombre, il ravage champs et forêts. L'action du lieutenant de louveterie s'étend aussi sur les forêts de l'Etat dont la chasse est affermée ; il a le droit d'y pénétrer pour détruire les animaux nuisibles au développement des bois et d'exiger le concours des fermiers de la chasse et des porteurs de permissions aux battues qui pourraient être ordonnées (2).

Lorsque les préfets prescrivent d'office des battues aux loups ou aux sangliers, ils doivent en aviser les louvetiers chargés de

---

(1) Une grande partie des attributions du grand veneur ont été depuis confiées au directeur général des forêts (Ordonnances des 14 septembre 1830, 24 juillet 1832, 20 juin 1845).

(2) Ordonnance du 24 juillet 1832.

les diriger et de régler avec les maires les mesures à prendre (1).

Le lieutenant de louveterie devra rechercher activement les portées de louveteaux ; faire connaître ceux qui auraient découvert de ces portées, et recevoir les certificats des habitants qui auront tué des loups; il les fera passer au grand veneur, qui en fera un rapport au ministre de l'intérieur, à l'effet de faire accorder des récompenses (2). Il doit, en outre, faire connaître journellement les loups tués dans son arrondissement et envoyer tous les ans un état général des prises. Enfin, tous les trois mois il fera parvenir au préfet un état des loups présumés fréquenter les forêts soumises à sa surveillance.

Jusqu'ici nous nous sommes attachés à faire ressortir que le lieutenant de louveterie était appelé à payer largement de sa personne pour remplir consciencieusement le mandat honorifique dont il est investi. Nous allons faire connaître maintenant

(1) Décision du ministre des finances du 12 septembre 1850.

(2) Ordonnances de 1814, du 24 septembre 1430. Décision ministérielle du 8 juillet 1818.

quels sont les sacrifices pécuniaires que lui imposent les règlements.

Ce fonctionnaire doit entretenir à ses frais un équipage composé au moins d'un piqueur, de deux valets de limiers, d'un valet de chiens, de dix chiens courants et de quatre limiers. De plus, il doit se procurer les pièges nécessaires à la destruction des loups, renards et autres animaux nuisibles dans la proportion des besoins.

Pour l'emploi de son équipage à loups, il devra se soumettre aux recommandations suivantes : détourner les loups, faire entourer leur enceinte, les attaquer dans leur fort à trait de limier et les faire tirer au lancer. L'équipage ne doit être découplé que lorsque cette attaque aura échoué.

A titre de compensation, et autant pour dédommager les louvetiers de tant d'exigences que pour tenir leurs chiens en haleine, la Restauration les autorisa à chasser à courre trois fois par mois, dans les forêts de l'Etat, le chevreuil, le brocard, le sanglier et le lièvre, avec défense de tirer dessus, à moins que le sanglier ne tienne aux chiens. Mais, dès 1832, ce droit fut restreint à la chasse du sanglier et les

louvetiers durent faire connaître chaque
mois le nombre de ces animaux qu'ils
avaient forcés.

UNIFORME DES LOUVETIERS

L'ordonnance de 1814 déterminait pour
les officiers de la louveterie l'uniforme
suivant :

Habit bleu, droit, à la française, avec
collet et parements de velours bleu pareil,
galonné sur le devant et au collet ; poches
à la française et en pointes, également ga-
lonnées ; parements en pointe avec deux
galons pour les lieutenants ; — Le galon
sera en or et en argent ; — bouton de
métal jaune, sur lequel sera empreint un
loup ; — veste et culotte chamois ; — cha-
peau à la française avec gance or et argent ; — couteau de chasse avec poignée
argent ; — ceinturon en buffle jaune galonné comme l'habit ; — bottes à l'écuyère ;
— éperons plaqués en argent.

UNIFORME DES PIQUEURS

L'habit sera le même que celui des officiers, excepté que le bouton sera en métal

blanc et que le galon sera un tiers d'or sur
deux tiers d'argent.

HARNACHEMENT DU CHEVAL

Bride à la française, avec bossette sur
laquelle sera un loup ; — bridon de cuir
noir ; — selle à la française en volaque
blanc ou en velours cramoisi ; — housse
cramoisie, garnie de galons or et argent ; — croupière noire unie, et la boucle
plaquée; — étriers noirs et vernis; — mar-
tingale noire et unie; — sangles à la française.

Cette tenue se rapprochait, comme on le
voit, de celle que portaient les agents forestiers de l'époque. Mais l'uniforme de l'administration des forêts ayant été, depuis,
plusieurs fois remanié et notamment en
1878 (1), les officiers de louveterie ont
suivi ce mouvement de transformation et
pour leur commodité et surtout pour éviter le grotesque, ont, paraît-il, modernisé
l'uniforme prescrit par l'ordonnance de

---

(1) Décret du 12 novembre 1878.

1814. Hâtons-nous, toutefois, d'ajouter que bien rares sont de nos jours les louvetiers qui revêtent un semblant d'uniforme. Cependant le port, par l'officier de louveterie, d'un costume distinctif doit présenter des avantages dans une battue.

Quelle autorité aurait en effet sur les gendarmes et les gardes forestiers, qu'il est appelé quelquefois à commander, le louvetier habillé en « pékin » ?

PRIMES

Dans les temps anciens, celui qui tuait un loup avait le droit de choisir un mouton dans la ferme la plus voisine.

Au XVIe siècle, la prime payée par l'État était de dix sols. Cette dépense était inscrite sur les anciens registres des sénéchaussées sous la rubrique : *Pro lupis et lupellis captis*.

Avant 1789, il était accordé deux deniers par loup et quatre par louve, à percevoir sur chaque feu existant à deux lieues à la ronde.

Le tableau ci-après permet de se rendre un compte exact des fluctuations qu'a su-

bies, depuis le commencement du siècle,
l'échelle des primes allouées par l'État :

	LOIS DES			
	12 ven-tô-e An III	10 mes-sidor An V	20 août 18 4 et 9 juillet 1818	3 août 1882
Loup féroce ou enragé . . .	250^f	150^f	12^f	200^f
Louve non pleine	250	40	15	100
Louve pleine. .	300	50	18	150
Louveteau (1). .	100	20	6	40
Louveteau dont on a tué la mère.	100	20	12	40
Loup.	250	40	12	100

Pour percevoir une prime, il faut que
l'abatage soit constaté par l'autorité mu-
nicipale, qui garde, pour contrôle, la tête,
les oreilles ou la patte droite de devant
de l'animal. Elle délivre alors un certificat
qui doit être visé par le lieutenant de lòu-
veterie de l'arrondissement et enfin par le
préfet, chargé de la suite à donner pour
le paiement de la prime, qui devra être

---

(1) Est considéré comme louveteau l'animal dont
le poids est inférieur à 8 kilogrammes.

effectué dans les quinze jours qui suivront l'abatage (1).

Depuis 1882, c'est-à-dire depuis la dernière augmentation apportée au taux des primes, le nombre des loups a diminué d'année en année : en 1883, il en a été détruit 1316; en 1884, 1035; en 1885, 900; en 1886, 760; en 1891, 404; en 1896, 171; en 1899, 207.

L'article 20 de la loi des 28 septembre et 6 octobre 1791 engageait les corps administratifs à encourager les ruraux par des récompenses, et, suivant les localités, à détruire les animaux malfaisants et les insectes nuisibles aux récoltes et aux troupeaux. Depuis cette époque, nombre d'instructions ont été adressées, dans le même but, aux préfets. Elles visent surtout les animaux nuisibles autres que les loups (les belettes, les putois, les fouines, les martres, les chats sauvages, les loutres, les renards, les blaireaux, les sangliers, les écureuils, les oiseaux de proie, les pies, etc.). Le taux des primes accordées pour la destruction de ces animaux étant fixé par les Conseils gé-

(1) Un crédit est ouvert pour les primes au budget du ministère de l'agriculture.

néraux varie selon les départements, et il
en existe même quelques-uns qui n'ont
encore aucun crédit affecté à ce genre d'encouragement, bien que les animaux malfaisants s'y rencontrent en grand nombre (1).

Le Conseil général des Bouches-du-
Rhône vote chaque année une somme de
2,500 francs pour cet objet (les renards
donnent droit à 3 francs ; les renardeaux et
les martres à 1 fr. 50 ; les pies à 0 fr. 20).
Voilà, pour le moins, ce qui devrait exis-
ter partout. Car, cette somme de 2 ou
3,000 francs ne se balance pas en pure
perte dans les fonds du département. Le
nombre des permis de chasse délivrés aug-
mente, en effet, en raison de la multiplicité
du gibier, qui est d'autant plus grande que
le nombre d'animaux nuisibles détruits a
été grand. D'autre part, pour les villes, la
quantité de gibier colporté et la sécurité à
l'abri de laquelle l'élevage de la volaille
pourrait s'étendre dans les campagnes, par
suite des encouragements apportés à la destruction des renards, belettes, etc., n'aug-
teraient-elles pas les recettes des octrois ?
Cela paraît de toute évidence.

---

(1) Le département des Basses-Alpes est dans
ce cas.

Les divers animaux qui, comme le sanglier, dédommagent par la valeur de leur chair, ou, comme la loutre, la martre, le putois et le blaireau, par la valeur de leur fourrure, ne donnent lieu, comme on le voit, qu'à peu ou pas de primes. C'est rationnel.

Comme nous l'avons vu, l'institution de la louveterie a été maintenue sous tous les régimes qui se sont succédés en France depuis plus de dix siècles. La Révolution, elle-même, à travers toutes ses réformations, se contenta de supprimer le titre et les privilèges des louvetiers, en laissant toutefois subsister leurs attributions, qu'elle partagea entre les préfets et les agents forestiers. A cette époque, le marquis du Hallay fut, en quelque sorte, le « grand louvetier national ». Ce célèbre veneur détruisit plus de 1,200 loups en cinquante années et fut sauvé par eux de la façon suivante : Emprisonné sous la Terreur, les populations réclamèrent sa liberté pour qu'il put les défendre de nouveau contre les loups, qui, depuis sa détention se livraient à des déprédations énormes. L'acte de liberté qu'on lui délivra alors lui ordonnait : *de courir sus aux loups jusqu'à parfaite des-*

truction. Ce qu'il fit avec tant de zèle et de succès que ses biens de Normandie et de Picardie lui furent rendus. Cette sanction, donnée par le peuple souverain à l'utilité de la louveterie, est à retenir mais ne doit point surprendre, étant donné que le but même de l'institution est essentiellement démocratique. « Le louvetier, dit M. d'Hou-
» detot, est le soldat d'élite, la sentinelle
» avancée qui défend nos campagnes contre
» les déprédations de tous les animaux
» malfaisants.

» Quelle variété dans les types !... Ici un
» gentleman exerce les fonctions de louve-
» tier, là c'est un enfant du peuple, simple
» et rustique comme lui .. Tous deux en-
» flammés d'une égale ardeur, mais con-
» courant au même but par des voies dif-
» férentes. »

Quel feu sacré du métier ne faut-il pas à ce fonctionnaire désintéressé pour aller à travers la neige et les frimas accomplir son devoir, car l'hiver est la saison la plus favorable pour la destruction des bêtes nuisibles, et une couche de neige est d'un puissant secours pour reconnaître, détourner et poursuivre ces animaux.

Dans les pays où il existe des forêts de

3

l'Etat le lieutenant de louveterie a, il est vrai, en dédommagement , l'avantage de pouvoir chasser le sanglier. Mais combien d'arrondissements en France ne possèdent ni forêts nationales, ni sangliers !

Bien qu'elle fasse aujourd'hui peu parler d'elle, la louveterie a un passé brillant; jamais elle n'a failli à ses obligations et, lorsque après les guerres de la République et de l'Empire, après celle de 1870 et aussi depuis, les loups se montrèrent nombreux dans notre pays, des distinctions du gouvernement sont quelquefois venues, rares mais méritées, récompenser les louvetiers les plus méritants.

C'est au milieu d'une battue qu'il dirige, et pour laquelle il a donné la veille les instructions de détail aux gardes et aux paysans, qu'on peut se rendre pratiquement compte de la raison d'être de l'officier de louveterie. Il a dû tout disposer d'avance en procédant aux choix des tireurs, des chiens et des moyens les plur sûrs pour réussir ; il s'est efforcé de prévenir les accidents et de ménager les susceptibilités, car ici chacun veut être au poste d'honneur.

Tout cela exige, on le conçoit, du tact et une activité transcendante. Aussi pensons-

nous qu'on devient chasseur, mais qu'on
naît louvetier. Tels le comte de Saint-Lé-
gier, qui fut en Saintonge le premier louvetier du xixᵉ siècle ; Clamorgan, de Mon-
cel, Bois-Couteau, Pavali, de Sarcey, qui
furent avant lui les célébrités de leur époque dans l'art de la louveterie. Et Henri IV,
le premier roi qui ait eu en France un équipage à loup, et qui préférait, ainsi que
Louis XIII, cette chasse à toute autre.

Un récent arrêté ministériel vient de
nommer des lieutenants dans quatre arrondissements et aussi dans quatre cantons.
Cette seule mesure prouve à la fois l'utilité et la vitalité de la louveterie actuelle.

LISTE
Des Grands Louvetiers
DE FRANCE

I. — **Gilles le Rougeau**, reçoit de Philippe le Bel, le 7 juin 1308, le montant de ses gages, plus 100 fr. de gratifications, pour ses chevaux, gens, chiens, etc., et des cens de grains sur la forêt de Luchy (Caux). En 1320, il est confirmé dans ses privilèges par Philippe le Long (1).

II. — **Pierre de Besu** exerce en 1323.

III. — **Gillet d'Oisy**, nommé par lettres patentes du mois de mars 1323, possède ces fonctions jusqu'en 1333.

IV. — **Robert Trouart**, ses lettres de nomination sont du 15 mars 1333.

V. — **Pierre Hannequeau**, veneur du roi, reçoit, le 10 juillet 1466, 400 fr. d'in-

(1) Le P. Anselme. — Les grands officiers de la couronne.

demnité pour chasser les loups ; institué grand louvetier en 1467.

VI. — **Jacques de Rosbach,** 1471, vivait encore dix ans plus tard.

VII. — **Antoine,** seigneur **de Crève- cœur,** Thiennes, Tois, etc., bailly d'Amiens, conseiller et chambellan du duc de Bourgogne, remplit plus tard les mêmes charges auprès du roi, chevalier de l'ordre de S. M., gouverneur et sénéchal d'Artois, 26 novembre 1477-1493.

VIII. — **François de la Boissière,** seigneur de Lestang, maître des Eaux et Forêts de Montargis, 1479-1495.

IX. — **Jean de la Boissière,** seigneur de Montigny, 1515-1533.

X. — **Jacques de Mornay,** seigneur d'Ambleville, Omerville, Villarceaux, 1542-1551.

XI. — **Antoine de Halwin** ou **Halluin,** seigneur de Piennes, Maiguelais, Bugueuhoult, chevalier de l'ordre du roi, capitaine de cinquante hommes d'armes, 1523-1553.

XII. — **Jean de la Boissière,** seigneur
de Montigny, etc., maître d'hôtel et surin-
tendant des meubles du roi, pourvu en 1554.

XIII. — **François de Villiers** (neveu du
précédent), seigneur de Chailly, Livry,
Montigny, bailli de Melun, maître d'hôtel
et enseigne de la Compagnie d'ordonnance
du duc de Guise, 1573-1581.

XIV. — **Jacques le Roy,** seigneur de la
Grange, Grisy, etc., conseiller du Roi au
Conseil privé et au Conseil d'État, gouverneur de Melun, trésorier de l'Epargne, 1582-
1598.

XV. — **Claude de l'Isle,** seigneur d'An-
drezy, Puiseux, Boisemont. Courdemanches,
gentilhomme de la maison du roi, avant
1606. Le premier qui eut un équipage spécialement pour le loup.

XVI. — **Charles de Joyeuse,** seigneur
d'Epeaux, 1606-1612. Il nomme Réné de
Portebise, seigneur du Brossay, lieutenant
louvetier de Sonnois.

XVII. — **Robert de Harlay,** baron de
Mouglat, 27 octobre 1612-1615.

XVIII. — **François de Silly,** comte,

puis duc de la Rocheguyon, damoiseau de Commercy, marquis de Guercheville, chevalier de l'ordre du roi, 4 avril 1626-19 janvier 1628.

XIX. — **Claude de Rouvroy,** duc de Saint-Simon, pair, vicomte de Clastres ou Clustres, baron de Benais, vidame de Chartres, seigneur-châtelain de La Ferté, Beaussart, Blaye, Vitrezais, Mardis, Saint-Louis, chevalier de l'ordre du roi, gouverneur de Polagre, gouverneur et grand bailli de Senlis, Fécamp, Saint-Maixent, Versailles, Malevre, 5 mars 1627, lieutenant-général des armées du roy, premier écuyer en la petite écurie, chevalier des ordres, premier gentilhomme de la chambre.

XX. — **Philippe Authonis,** seigneur de Roquemont, cornette aux chevau-légers de la garde, 1628-26 octobre 1636.

XXI. — **Charles de Bailleul,** seigneur du Perray et du Plessis-Briart, maître d'hôtel du roi, gentilhomme de la chambre, lieutenant de sa vénerie, gouverneur de Corbeil, décembre 1643-9 janvier 1655.

XXII. — **Nicolas de Bailleul,** seigneur du Perray, de Courcouronne, etc., capitaine

aux gardes françaises, 9 janvier-3 mars
1655.

XXIII. — **François-Gaspard de Mont-
morin,** marquis de Herem, seigneur de
Volore, Châteauneuf, Saint-Gervais, Mo-
lière, etc., colonel de cavalerie, gouverneur
et capitaine des chasses de Fontainebleau,
1635-juillet 1701.

XXIV. — **Michel Sublet,** chevalier, marquis d'Heudicourt, seigneur de Saint-Pierre,
Hébecourt, Le Mesnil, Villejumelle, La
Brosse, etc., conseiller du roi en ses conseils,
mestre de camp de cavalerie et brigadier des
armées du roi, etc., 1701, exerceait encore
en 1731.

XXV. — **Le marquis d'Heudicourt,** fils
du précédent.

XXVI. — **Le marquis de Flamarens,**
nommé en 1741, encore en fonctions en
1755.

XXVII. — **Le chevalier de Flamarens,**
en survivance dès 1753.

XXVIII. — **Le comte d'Haussonville,**
dès 1780 jusqu'en 1789.

XXIX. — **S. A. S.** le maréchal Ber-

thier, prince de Neufchâtel, de Wagram, grand dignitaire de la Légion d'honneur, vice-connétable, grand veneur et grand louvetier, 1804-1814.

Sous la Restauration, la charge de grand louvetier fut dès lors unie à celle de grand veneur.

Sous les diverses républiques, c'est le directeur général des Forêts qui a rempli les fonctions de grand veneur.

LETTRE DE PROVISIONS

nommant le sieur Oreillard lieutenant de louveterie en Bourgogne
1er août 1709

MICHEL Sublet, marquis d'Heudi-court, chevalier, seigneur de Saint-Pierre, La Brosse, Le Mesnil, etc., conseiller du roi en ses conseils, grand louvetier de France, savoir faisons, qu'ayant pouvoir de S. M. de commettre et établir des lieutenants de louveterie dans l'étendue de son royaume... et étant dûment informé des bonnes mœurs du sieur Vosle Oreillard, écuyer, conseiller du roi, lieutenant de la connétablie et maréchaussée de France, et de la capacité, fidélité et affection au service de S. M., et expérience au fait des chasses, et qu'il est besoin de commettre à la dite charge de lieutenant de la louveterie, et qu'il nous aurait requis lui vouloir accorder lettres de provisions et en tant que besoin notre dit

pouvoir. A ces causes avons le dit sieur
Oreillard nommé et établi... en l'état et
office de lieutenant de la louveterie dans
l'étendue de Châtillon-sur-Seine en Bourgogne, présidial et baillage de la ville de
Montagne, où il fera sa résidence et ès environs, forêts, bois et buissons, communes
et dépendances avec pouvoir de faire porter
les couleurs de S. M. et de chasser aux
loups, louveteaux, louves, louvettes, renards, loutres, blaireaux et autres bêtes nuisibles, à cors, cris, filets et autres engins
propres et convenables, même avec force
de chiens et toutes sortes d'armes et bâ-
tons et pièges, tant dedans que dehors les
forêts, bois et buissons de S. M. que de
ceux des princes, seigneurs, gentilshommes,
ecclésiastiques, communes et autres ses sujets, pour par lui en jouir aux honneurs,
autorité, prérogatives, prééminences, fran-
chise, liberté et exemptions, droits, profits,
revenus en émoluments appartenant et y
attribués. Et, pour cet effet, pourra le dit
sieur Oreillard faire assembler un homme
par feu de chacune paroisse de la dite
étendue, jusqu'au nombre suffisant pour
assister à la dite chasse, lesquels seront
tenus d'y aller ou envoyer sous peine d'a-

mende ; et , pour aucunement subvenir
aux frais et dépenses qu'il conviendra faire
pour ce regard, permettons au sieur Oreillard de lever sur chacun habitant , par
feu , deux lieues à la ronde de finage
en finage, où la prise aura été faite, deux sols
deniers parisis pour loups et louveteaux et
quatre deniers par louves et louvettes, en
contraignant pour ce, ceux qui seront à
contraindre, par toutes voies dues et
raisonnables, fors toutefois les ecclésiastiques et mendiants ; à la charge que
le dit sieur Oreillard sera tenu d'ap-
porter, de six mois en six mois, certificat de la prise qu'il aura faite ès dites
étendues ; et, où aucuns refuseraient d'aller
ou envoyer à la dite chasse ou voudraient
chasser sans permission, permettons au dit
sieur Oreillard d'en dresser procès-verbal
et d'en informer, même contre ceux qui
seront trouvés en délits aux forêts, bois,
buissons et communes de S. M., et de se
saisir de leurs armes, filets et engins, pour
sur les dites informations faire assigner les
délinquants aux sièges des Eaux et Forêts
de la Table de marbre du palais à Paris,
pour y être jugés suivant les ordonnances,
ou par devant les maîtres des Eaux et Fo-

rêts des baillages des provinces et pour ce
faire, prions et requerrons tous juges, officiers et autres qu'il appartiendra de donner
confort, aide et assistance, si besoin est, au
dit sieur Oreillard pour l'exécution de tout
ce que dessus et pouvoir à lui donné. En
témoin de quoi nous avons signé ces pré-
sentes et à icelles fait apposer le cachet de
nos armes et fait contresigner par notre
secrétaire. Donné à Paris ce 1er août 1709.
Signé : Sublet d'Heudicourt ; et plus bas :
de par mon dit seigneur. Signé Marau. »

146

Paris. — Imp. PAIRAULT et Cie.

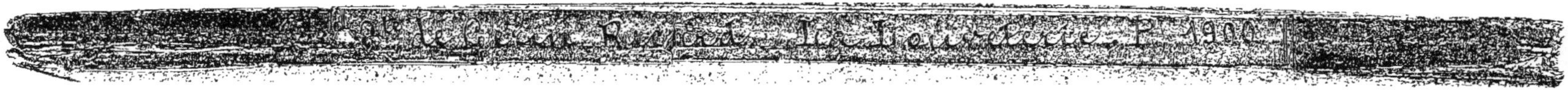
Richard. La Louveterie. P. 1900

www.ingramcontent.com/pod-product-compliance
Lightning Source LLC
Chambersburg PA
CBHW050516210326
41520CB00012B/2333